中华医学会灾难医学分会科普教育图书

图说灾难逃生自救丛书

丛书主编 刘中民　分册主编 孙海晨

水灾

绘图
11m数字出版

人民卫生出版社

图书在版编目（CIP）数据

水灾 / 孙海晨主编. —北京：人民卫生出版社，2013
（图说灾难逃生自救丛书）
ISBN 978-7-117-18005-4

Ⅰ. ①水⋯　Ⅱ. ①孙⋯　Ⅲ. ①水灾－自救互救－图解
Ⅳ. ①P426.616-64

中国版本图书馆 CIP 数据核字（2013）第 206112 号

人卫社官网　www.pmph.com	出版物查询，在线购书
人卫医学网　www.ipmph.com	医学考试辅导，医学数据库服务，医学教育资源，大众健康资讯

图说灾难逃生自救丛书
水　灾

主　　编：孙海晨
出版发行：人民卫生出版社（中继线 010-59780011）
地　　址：北京市朝阳区潘家园南里 19 号
邮　　编：100021
E - mail：pmph @ pmph.com
购书热线：010-59787592　010-59787584　010-65264830
印　　刷：三河市潮河印业有限公司
经　　销：新华书店
开　　本：710 × 1000　1/16　印张：7
字　　数：122 千字
版　　次：2013 年 9 月第 1 版　2019 年 2 月第 1 版第 3 次印刷
标准书号：ISBN 978-7-117-18005-4/R・18006
定　　价：35.00 元
打击盗版举报电话：010-59787491　E-mail：WQ @ pmph.com
（凡属印装质量问题请与本社市场营销中心联系退换）

丛书编委会

谨以此书纪念历次水灾遇难同胞。

我国地域辽阔，人口众多。地震、洪灾、干旱、台风及泥石流等自然灾难经常发生。随着社会与经济的发展，灾难谱也有所扩大。除了上述自然灾难外，日常生产、生活中的交通事故、火灾、矿难及群体中毒等人为灾难也常有发生。中国已成为继日本和美国之后，世界上第三个自然灾难损失严重的国家。各种重大灾难，都会造成大量人员伤亡和巨大经济损失。可见，灾难离我们并不遥远，甚至可以说，很多灾难就在我们每个人的身边。因此，人人都应全力以赴，为防灾、减灾、救灾作出自己的贡献成为社会发展的必然。

灾难医学救援强调和重视"三分提高、七分普及"的原则。当灾难发生时，尤其是在大范围受灾的情况下，往往没有即刻的、足够的救援人员和装备可以依靠，加之专业救援队伍的到来时间会受交通、地域、天气等诸多因素的影响，难以在救援的早期实施有效救助。即使专业救援队伍到达非常迅速，也不如身处现场的人民群众积极科学地自救互救来得及时。

为此，中华医学会灾难医学分会一批有志于投身救援知识普及工作的专家，受人民卫生出版社之邀，编写这套《图说灾难逃生自救丛书》，本丛书以言简意赅、通俗易懂、老少咸宜的风格，介绍我国常见灾难的医学救援基本技术和方法，以馈全国读者。希望这套丛书能对我国的防灾、减灾、救灾工作起到促进和推动作用。

刘中民 教授

同济大学附属上海东方医院院长
中华医学会灾难医学分会主任委员
2013 年 4 月 22 日

序 二

　　我国现代灾难医学救援提倡"三七分"的理论：三分救援，七分自救；三分急救，七分预防；三分业务，七分管理；三分战时，七分平时；三分提高，七分普及；三分研究，七分教育。灾难救援强调和重视"三分提高、七分普及"的原则，即要以三分的力量关注灾难医学专业学术水平的提高，以七分的努力向广大群众宣传普及灾难救生知识。以七分普及为基础，让广大民众参与灾难救援，这是灾难医学事业发展之必然。也就是说，灾难现场的人民群众迅速、充分地组织调动起来，在第一时间展开救助，充分发挥其在时间、地点、人力及熟悉周围环境的优越性，在最短时间内因人而异、因地制宜地最大程度保护自己、解救他人，方能有效弥补专业救援队的不足，最大程度减少灾难造成的伤亡和损失。

　　为做好灾难医学救援的科学普及教育工作，中华医学会灾难医学分会的一批中青年专家，结合自己的专业实践经验编写了这套丛书，我有幸先睹为快。丛书目前共有 15 个分册，分别对我国常见灾难的医学救援方法和技巧做了简要介绍，是一套图文并茂、通俗易懂的灾难自救互救科普丛书，特向全国读者推荐。

王一镗

南京医科大学终身教授

中华医学会灾难医学分会名誉主任委员

2013 年 4 月 22 日

　　水，和我们的生命息息相关。她，时而温柔如少女，时而凶猛如野兽。

　　水灾是最常见的自然灾害之一，占所有自然灾害的一半以上。水灾发生时，来势迅猛，破坏性强，危害严重，极易造成人员伤亡，人类的历史也曾多次因为水灾而改写……

　　面对梦魇般的灾难，无论身在城市还是乡村，我们都显得如此脆弱……最让人痛心的是，很多时候我们本来可以避免那些悲剧的发生……

　　水灾无情，防灾有道。掌握科学的避灾、自救方法，可以最大程度地减少和避免灾害造成的损失和伤亡。

　　我们精心制作了《图说灾难逃生自救丛书：水灾》分册，希望通过我们的努力，让更多的人掌握逃生避险、自救互救的知识与方法。

　　衷心祝福广大读者平安、健康、幸福！

孙海晨　教授

南京军区南京总医院

2013年8月10日

目　录

我国是世界上水灾最多、灾害最严重的国家之一。史料统计，从公元前 206 年至 1949 年的 2155 年当中，全国各地发生较大的洪涝灾害 1092 次，平均约每两年发生 1 次。

水灾的危害

　　水灾是最常见的自然灾害,约占所有自然灾害的一半以上。我国有洪泛区近 100 万平方千米,全国 60% 以上的工农业产值、40% 的人口、35% 的耕地以及 600 多座城市等受到水灾的威胁。20 世纪 90 年代,我国水灾造成的直接经济损失达 12 000 亿元人民币。1998 年的特大水灾损失 2600 亿元人民币,倒塌房屋 81.2 万间,受灾人口 81 万人,死亡 4150 人。

　　水灾主要由暴雨引起。短时间内大量降雨，超过河道的容量，或因排水不畅，大量的水聚积在低洼地带，可形成洪水。山区的暴雨、北方寒冷地区春季冰雪融化以及水库溃坝也可形成洪水。洪水速度快，携带巨大能量，经过之处可将房屋、设施、道路、农田等冲毁，也可造成人员伤亡。

　　我国的洪水灾害主要发生在每年的 4~9 月。一般是东部多、西部少；沿海地区多，内陆地区少；平原地区多，高原和山地少。

　　强降水超过城市排水能力致使城市内产生积水灾害的现象称为城市内涝。据统计，2008~2010 年我国 62% 的城市发生过不同程度的内涝，形势严峻。

　　洪灾后由于生态环境发生重大变化，容易发生各种传染性疾病流行，自古就有"大灾之后有大疫"之说。

　　水灾后常见的瘟疫有甲型肝炎、霍乱、钩端螺旋体病、伤寒、痢疾、血吸虫病以及流行性乙型脑炎等，还有非传染性疾病如浸渍性皮炎、虫咬性皮炎、食物中毒以及农药中毒等。

　　水灾对人体的主要危害有：①淹溺：这是水灾造成人员死亡的主要因素；②撞击：洪水携带的石块、木块等大块物体，可造成水中的人员受伤；③挤压：建筑物倒塌引起肢体受压、骨折或伤残等；④寒冷：长时间洪水中浸泡可致体温下降，严重者可诱发凝血障碍及心律失常甚至导致死亡；⑤叮咬伤：洪水上涨时，家畜、老鼠、昆虫和爬行动物等均开始迁徙，从而使得受灾人员叮咬伤增加，并可能使人感染动物源性传染病。

既往多次的惨痛教训,促使我们必须了解水灾的发生规律与危害,并给予足够的重视,只有这样,才能让我们在水灾下次降临时,做到心中有数、不急不慌、科学面对……

中国气象上规定,24 小时降水量为 50 毫米或以上的雨称为"暴雨"。按其降水强度大小又分为三个等级,即 24 小时降水量为 50～99.9 毫米称"暴雨",100～250 毫米为"大暴雨",250 毫米以上为"特大暴雨"。暴雨预警信号分四级,分别以蓝色、黄色、橙色和红色表示。

蓝色	12 小时内降雨量将达 50 毫米以上,或者已达 50 毫米以上且降雨可能持续。
黄色	6 小时内降雨量将达 50 毫米以上,或者已达 50 毫米以上且降雨可能持续。
橙色	3 小时内降雨量将达 50 毫米以上,或者已达 50 毫米以上且降雨可能持续。
红色	3 小时内降雨量将达 100 毫米以上,或者已达 100 毫米以上且降雨可能持续。

　　学习水灾的基本知识,未雨绸缪,平时注意积累灾害时逃生避险的常识,当危险来临时,这些可能是让自己规避危险的法宝。我们可以通过图书、电视、广播和网络等各种途径学习防灾避险知识,应积极参加社区组织的防灾培训和演练。

水灾的防灾准备

◎ **雨季到来前**

城市排水系统是重要的防洪设施,应保持排水系统通畅。不要将垃圾、杂物丢入马路下水道,以防堵塞。

河道是重要的排水通道,需要定时清理,保持通畅。不可在河道上搭建房屋。

◉ **雨季到来前**

熟悉周边地形,注意低洼危险的地方。

确认避难场所和逃生路线。

要知道从家到单位或学校会经过哪些低洼易积水的地方,也要知道哪些地方地势较高可以作为临时避难的场所。

◉ **雨季到来前**

检查、维修房屋门窗、屋顶等。

加固室外设施。

偏远地区发生洪灾时,由于交通受阻,救援人员可能无法立即赶到,当地居民最好准备3~5天的生活物资。

◉ **雨季到来前**

　　幼儿园、小学等教育机构要对儿童进行水灾常识培训，告知他们危险的事项以及如何获得帮助。

　　教会他们拨打求救电话：110（报警求助）和120（医疗急救求助）。

◎ **雨季到来前**

水库负责部门要定期监测水库，发现险情要及时向上级汇报。

水库水灾来势凶猛，逃生为第一原则，切不可因贪恋财物而错失逃生机会。

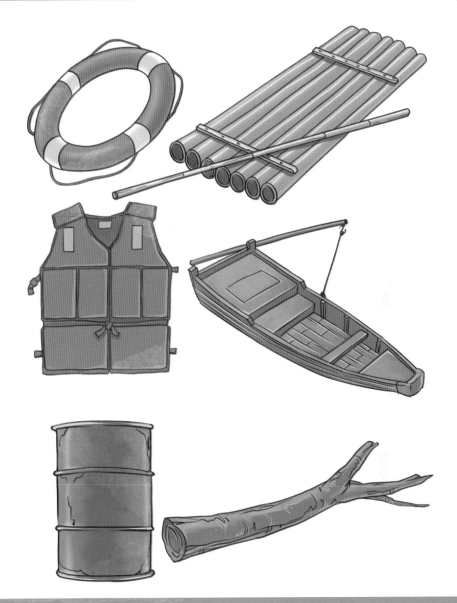

◎ **雨季到来前**

　　处于洪泛区危险的家庭需准备防水板、绳子、沙袋、救生衣、救生圈、木筏以及船只等，汛前检查是否可以正常使用。

　　临时救生物品，应首先挑选体积大的容器，如油桶、储水桶等。倒出原有液体后，重新将盖盖紧、密封。树木、箱柜等木质家具也都有漂浮能力。

◎ **雨季到来前**

准备防灾急救包,建议选择可以承受 10～15 千克重量的双肩帆布背包,内装:①收音机及电池;②3～5 天的饮用水和食品;③烧水用具和水净化用品(无味氯片或碘片);④肥皂等卫生用品;⑤保暖衣物;⑥治疗腹泻、皮肤感染的药品;⑦火柴、打火机、手电筒(电池)或蜡烛等取火照明设备;⑧颜色鲜艳的衣物或旗帜、哨子等,用作发出呼救信号;⑨医保卡、身份证及银行卡等常用证件、卡片。

◉ **暴雨前的准备**

洪泛区的居民在汛期可通过报纸、电视或收音机获得气象信息。

智能手机、平板电脑等移动通讯设备也是获取信息的途径。

保证信息来源正确，不要散播、听信谣言。

◉ 暴雨前的准备

暴雨前,室外作业人员尽快回到室内,地下工作人员尽快回到地面上来。暴雨期间,除非必要,尽量不外出。

海滨城市或洪泛区旅游者,一定要注意天气信息和景区安排。切不可因观看"大风"和"大潮"而把自己置于危险境地。

◉ **暴雨前的准备**

尽量远离洪水时可能存在危险的地方。

城市：被水淹没的地方；下水道和窨井附近；电线杆和电线附近；危房内及周围；化工厂和危险品仓库附近。

乡村：河道、水库、渠道、涵洞；危房内及周围；电线杆和电线附近；围垦区、行洪区。

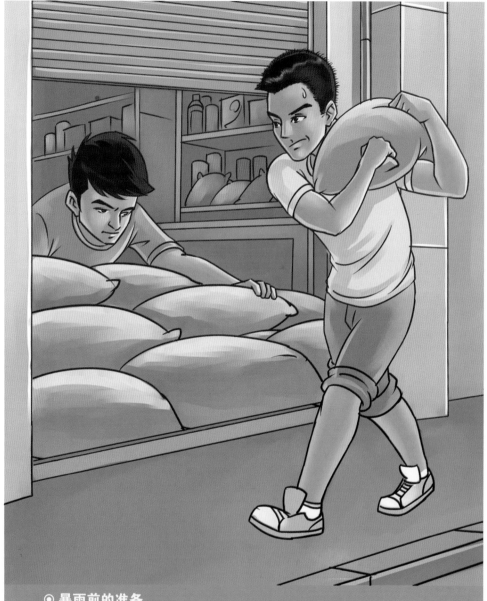

◎ 暴雨前的准备

　　洪水到来之前，为避免损失，首先应在门槛处垒起一道防水墙，最好选用沙袋，即麻袋、塑料编织袋或米袋、面袋（紧急时用塑料袋）装入沙石、碎石、泥土或煤渣等，然后再用旧地毯、旧毛毯或旧棉絮等塞堵门窗的缝隙。沙袋以长30厘米、宽15厘米为宜。

　　如预料洪水会涨得很高，底层窗槛外也需要堆上沙袋。

◎ **暴雨前的准备**

　　马桶、老鼠洞及下水道等都要堵死，或安装回流阀；可用胶带密封所有的门窗缝隙，多封几层，防止洪水浸入。

◉ **接到避难通知后**

通过电视广播等获得信息，观察洪水到来的迹象，邻居间互相提醒。

一定要几个人结伴行动，最好穿系带子的鞋。

要在水没到膝盖之前完成转移，因为水没到腰部后移动会非常困难。

不要开车转移，开车经过洪水区是非常危险的。

◉ **撤离到安全地带**

抗洪指挥中心需预先选定避难场所并告知公众。

城市避难场所一般选择地势较高、交通方便和卫生条件较好的场所，应有饮水设施。在城市中大多是高层建筑的平坦楼顶，地势较高或有牢固楼房的学校、医院，以及地势高、条件较好的公园等。

◉ **撤离到安全地带**

保命最重要。最大程度减少人员伤亡，是抗御水灾的根本目的。

转移程序上必须遵循先人员、后财产的原则。

对脱险后的受伤人员，应就地实施紧急救护，伤情严重的应及时转送当地医院治疗。

◉ 撤离到安全地带

服从安排，一旦收到撤离命令，及早转移，有序撤离洪泛区。

叮嘱儿童一定要听从大人安排，千万不要随意下水。

出门前最好把房门关好，以免家中物品随水漂走。

◎ **撤离到安全地带**

家有老年人、婴幼儿、长期卧床者或残疾者等要及早向有关部门汇报，做好提前撤离的准备。

如果您有宠物，请提前送往宠物避难所。

◎ **撤离到安全地带**

如遇家中老人不愿离开住宅的,应告知风险,反复劝说,尽量及早转移。

一些罹患疾病的老年人,逃生时注意携带急救药品,例如治疗心绞痛、哮喘等疾病的药物。需要每日按时服用的药品也要准备充足。

◉ 撤离到安全地带

撤离前，关闭总电源，以防电路浸水而漏电伤人；关闭煤气，避免煤气中毒；关闭水源。如时间足够，赶紧收拾家中贵重物品放在高处；如时间紧迫，可把贵重物品放在柜子、冰箱顶部等较高处，以免被水浸。

切不可因贪恋财物、心存侥幸而失去逃生的机会。

面对可能发生的水灾,我们都要做好必要的准备,无论是政府相关部门、学校、单位,还是个人;无论您身在城市,还是在乡村;无论您在室外,还是在室内;无论您是在工作中,还是在旅途中……尤其是那些有潜在危险的地方。只有准备充分,才能尽量减少损失,避免人员伤亡。

洪水来临前，注意收听气象预报和洪水警报。处于洪水下游的居民必须尽快撤离到安全的地方，如地势高处、坚固建筑物顶上。突遇暴雨、洪水时，临危不乱，根据周遭环境灵活选择适宜自己的逃生方式。

水灾的避险逃生

◉ 室外人员

　　遭遇突如其来的洪水或来不及转移的人员，要迅速逃离汽车、桥底及地下通道等低洼地或容易被水冲走的场所，就近快速寻找高地、山坡、楼房及屋顶等坚固场地躲藏，千万不要顺水流而行。

◉ **室外人员**

　　城市暴雨期间,尽量不要外出。如必须外出,应绕开积水严重的地方。不要试图穿越被洪水淹没的公路,这样往往会被上涨的水困住。要注意观察脚下,防止失足落入暗井、窨井、地坑或施工坑道等,最好贴近建筑物或在马路中央行走,因为窨井一般都设在路边。积水水压可以冲开窨井盖,如发现附近有漩涡应小心绕行,否则会被卷入、落入井中。

◉ **室外人员**

2013年3月22日晚9时许，湖南省长沙市突降暴雨，电闪雷鸣。一名21岁女大学生不慎落入下水道，随即被急流卷走。2个月后，其尸体在湘阴县樟树镇被发现。

2013年6月9日，广西南宁突降暴雨，城区内涝，悲剧再次上演，一名女士不慎掉进下水道失踪，两天后，其尸体在邕江蒲庙被发现。

◉ 室外人员

户外避灾时, 远离导电体(特别是树木、高压电塔等处), 躲避雷击。

雷雨时不要站在楼顶或使用手机。

发现高压线铁塔倾倒或者电线低垂、断折时, 一定要迅速远离, 防止直接触电或因地面"跨步电压"触电。

◉ 室外人员

乡村遭遇洪水时,人员要及时撤离到安全地带。

离开低洼可能被淹没的地方,向地势较高、不容易被水淹没的地方转移,如堤坝、平台等。

不要在山体旁、悬崖下、沼泽地及附近通行。

◎ **室外人员**

山洪流速急、涨得快,不要轻易游水转移,也不要过河,以防止被山洪冲走。

如果非过河不可,尽可能从桥上通过;如果无桥,要寻找宽广的地方通过,溪面宽的地方通常都是比较浅的地方。那些为了出门方便赶时间,就近随意过河、过桥、过渡的人群,最易出现危险。

◉ **室外人员**

几个人一起时，可以互相之间用绳子牵着走。

尽量不要单独一个人行动，一旦发生意外，有同伴则可及时获救。

禁止在洪泛区钓鱼，不要打捞浮财，以免发生意外。

◉ 室内人员之地下室逃生

在地下室居住的居民要注意收看天气预报，尤其是洪涝灾害的警报，及时转移。一旦雨水倒灌情况严重无法脱身，应尽可能寻找可用于救生的漂浮物，尽可能地保存体力，沉着冷静，等待救援。

◉ 室内人员之地铁逃生

如果列车无法运行，乘客要在乘务员的指引下，有序通过车头或车尾疏散门进入隧道，切勿擅自跳下轨道以防触电；站台突然停电，很可能是该站的照明设备出现了故障，在等待工作人员进行广播和疏散前，请原地等候。列车在运行时遇到停电，乘客千万不可扒门离开车厢进入隧道。

◎ **室内人员之地下商场逃生**

地下商场出现倒灌时,被困人员要听从指挥、自觉有序地疏散、撤离,向高层转移。注意避开货架和玻璃柜台。避免慌乱拥挤,以免发生摔倒和群体踩踏事故。

⊙ 躲避砸伤

　　暴雨期间，房屋倒塌时的逃生要点：①如果您在室内：蹲下，寻找掩护，抓牢——利用写字台、桌子或者紧贴内部承重墙作为掩护，然后双手抓牢固定物体；②如果您在室外：远离建筑物、大树、街灯和电线电缆；③如果您在开动的汽车里：尽快靠边停车逃生。切记不要把车停在建筑物下、大树旁、立交桥或者电线电缆下。

　　遇到洪灾，沉着冷静，保持良好的心理素质。

　　在洪灾中，避难者由于自身的痛苦、家庭的巨大损失，人心惶惶，如果再受到流言蜚语的蛊惑、避难队伍中突然发出的喊叫、警车和救护车警笛的鸣响等外来的干扰，极易产生不必要的惊恐和混乱，丧失理智地作出判断，给自己带来或加重不必要的伤害。

　　如果洪水来临时，房屋地势较低，又不坚固，应迅速撤离到高处躲避，如果来不及就上房或上树。在选择逃生地点时，应避开土墙、干打垒住房或泥缝砖墙，因为这些地方经水浸泡随时都有发生坍塌的危险。

　　遇到洪水怎么办？首先应该迅速登上牢固的高层建筑避险，然后与救援部门取得联系。在建筑物内尚未被淹没时可先转移到上层房间，如是平房可上屋顶。

　　警告：不了解水情时，一定要待在安全地带等待救援，不要贸然下水，以防被洪水冲走。

◉ 困在建筑物内

如果位于一座坚固的建筑物里，不要惊慌乱跑，即使水位迅速涨高，危险也比逃出要小些。

随着不断上涨的洪水，一层一层地向高层及高处移动。当无法再向高处转移时，应仔细观察、判断水势是否继续上涨，上涨的洪水是否危及生命，附近是否有更安全的场所，是否可以安全到达。必须转移时，一定要制订出严密、安全、可行的方案。

◉ **困在建筑物内**

尽可能带些食品和水。如果屋顶是倒斜的,则可将自己系在烟囱或别的坚固的物体上。如水位看起来持续上升,可就地取材准备小木筏。

◉ **被洪水困在建筑物内**

洪水来临时，转移到屋顶后，除非大水可能冲垮建筑物，或水面没过屋顶被迫撤离，否则最好原地不动，等水停止上涨，再想办法逃生。

在屋顶时，可以随机利用周围的材料架起防护棚。

◉ **洪水围困**

如果洪水迅猛上涨，最好躲到屋顶或爬上高树，或者乘自救木筏逃生。
应及时发出求救信号，争取被营救，夜晚可利用手电发出救援信号。
特别强调：不要攀爬电线杆。

◉ **洪水围困**

    如措手不及,被洪水围困于低洼处的溪岸、土坎或木结构的住房里,情况危急时,有通讯条件的,可利用通讯工具寻求救援;无通讯条件的,可制造烟火或来回挥动颜色鲜艳的衣物并集体齐声呼救。

◉ 洪水围困

如果已被洪水包围，要设法尽快与当地防汛部门取得联系，报告自己的方位和险情，积极寻求救援。

注意：千万不要游泳逃生，特别是独自游水转移（以防被洪水冲走）；不可攀爬带电的电线杆、铁塔（以防触电或雷击）；不要爬到泥坯房的屋顶（以防垮塌）。

◎ **洪水围困**

　　准备漂浮物，一旦房屋被水冲垮，漂浮物可用来逃生。身边任何入水可浮的东西，如木床、圆木、木梁、箱子、木板、衣柜及大块的泡沫塑料等都可以制成木筏。如无绳子，可用被单绑扎木筏。乘木筏是有危险的，尤其是对于水性不好的人，一遇上汹涌洪水，很容易翻船。需要强调的是，不到万不得已，不要使用这种方法。

◉ 洪水围困

儿童还可以乘坐大塑料盆或木盆转移。

叮嘱儿童服从管理，不要嬉水，以免发生危险。

家有婴幼儿者，逃生时注意携带足够的婴儿食品和用品，温柔安抚幼儿情绪，避免造成儿童的心理创伤，加重父母的焦躁心理。

◉ 落水后的逃生

如果不幸落水，保持冷静最重要，试试能否站起来。身边的任何漂浮物都要尽量抓住，如木板、树枝等，借助它们的浮力浮在水面，寻找机会抓住建筑物、大树等固定的物体。如果会游泳，迅速游向最近而且最容易登陆的岸边；如果离岸较远，踩水助游，以免体力消耗殆尽。

◎ **落水后的逃生**

不会游泳者不要因紧张害怕而放弃自救，落水后应该立即屏气。在挣扎时利用头部露出水面的机会换气，并寻找可以抓住的物体。再屏气，再换气，如此反复，就不会沉入水底。

错误：惊慌失措，手足乱动，反复呛水。

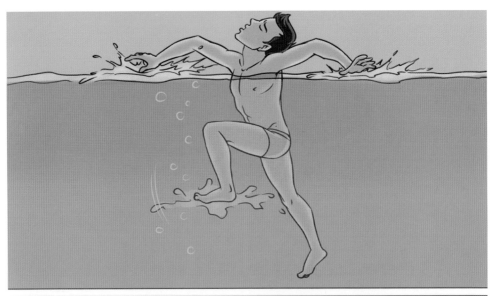

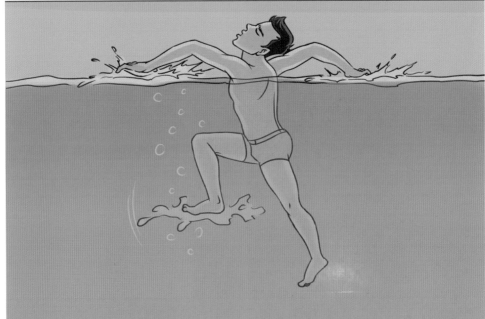

◉ 落水后的逃生

不会游泳者如果落水，可以面朝上，头向后仰，双脚交替向下踩水，手掌拍击水面，让嘴露出水面，呼出气后立刻使劲吸气。

◉ **落水后的逃生**

将溺水者从水中救起,施救者必须注意自身安全。

不会游泳的人不应下水救人。

儿童不应下水救人。

◉ 落水后的逃生

从岸上或船上拉起溺水者，或向溺水者抛绳索、木板、树枝等，将溺水者拉向岸边。

下水救人需谨慎。溺水者往往惊慌失措，拼命抓住身边的一切，包括施救者。因此，只要有其他方法，不要轻易下水救人。没受过救生训练的人，往往力不从心，救人不成反而赔上性命。

◉ 落水后的逃生

水性好的人可下水救人，下水前脱掉衣裤和鞋袜。

应在溺水者下游的一段距离下水，最好从溺水者背部抱住溺水者，将其头部托出水面。尽量不要让溺水者缠上身来，如溺水者试图这样做，马上放手游开，并适时再次用正确方法营救。

◉ **落水后的逃生**
溺水者被救上岸后，应立即开放气道，检查呼吸。

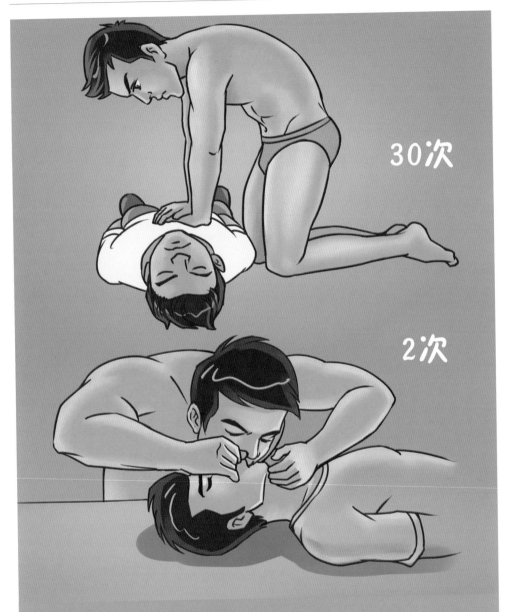

30次

2次

◉ 落水后的逃生

如果溺水者呼吸、心跳已经停止，则尽快进行心肺复苏。先清理口腔里的异物。在给予 2 次人工呼吸后，进行胸外心脏按压，以 100 ~ 120 次 / 分的频率按压胸部，按压 30 次后再给 2 次人工呼吸。胸外按压和人工呼吸以 30:2 的比例交替进行，建立人工循环，促进心脏复跳。

◉ 汽车司机怎样应对暴雨积水

　　驾车行驶途中,如果突遇山洪暴发、城市内涝积水等险情,驾驶员和乘客不要慌张,应积极自救。

　　遇险要保持冷静,切忌把时间一味浪费在打电话求助上。远水不解近渴,要勇于自救,更不可惊慌失措、坐以待毙。

◉ 汽车司机怎样应对暴雨积水

城市突发大量降雨，常造成低洼处路面积水，威胁车辆和车内乘客生命安全。在水中要非常小心地驾驶，观察道路情况。行车前方见有积水，如能明确积水很浅，应慢速通过。如果积水深或积水深度不明，除非前面已有车辆通过，否则不可贸然闯过。

教训：快速冲过去。2009年8月，重庆市连日暴雨，市区一通道积水深达1.58米，一辆载客出租车贸然驶入，致使两名乘客被淹死。

◉ **汽车司机怎样应对暴雨积水**

　　如果车在积水中熄火，不可再次点火，应弃车并转移至安全地带等待救援。

　　在不断上涨的洪水中试图驱动一辆抛锚的车是非常危险的，正确的做法是迅速逃离被困车辆。

◉ **汽车司机怎样应对暴雨积水**

当汽车在积水中熄火且水位迅速上升时，立刻冲出来，弃车逃到地势比较高的地方。

洪水期间，不要开车转移。开车经过洪水区是非常危险的，因为往往会被上涨的水困住无法从车内逃离，特别是一些地势较低的道路。

◎ 车门打不开怎么办

如果汽车沉没水中,且车门打不开,这是非常紧急的情况。应保持冷静,车内进水是个缓慢的过程,还有数分钟的逃生时间。

◉ 车门打不开怎么办

选择车门逃生是最佳渠道。

用尽全身力量,迅速打开车门,弃车逃生。

车外的压力高于车内是车门打不开的主要原因,待车内进了一部分水后车内压力有所升高,再努力一次争取撑开车门逃出。如果还是打不开车门,设法砸碎车窗玻璃爬出。

中控锁

◎ 车门打不开怎么办

被淹的汽车往往有个致命问题,中控锁没有及早打开,所以第一时间打开中控锁是非常必要的。手动式车窗不受浸水影响,可摇下车窗逃生;大部分车除了车门中控锁外,每个车门都有独立的保险扣,也不受浸水影响。

◉ 车门打不开怎么办

车内应常备安全锤，如果打不开车门，果断用安全锤砸碎车窗玻璃。一般玻璃边角处较易砸碎。有时在车内积水到一定程度，使车内外水压差变小时，易于击碎玻璃。

需要强调的是，安全锤不是万能的，在狭小的车厢内击破钢化玻璃难度很大，还可能延误宝贵的逃生时间。

◉ **车门打不开怎么办**

如果没有安全锤，寻找坚硬的物体试试，例如雨伞、女士细高跟鞋、锁车用的钢锁和司机头枕等。切记，击打车前挡风玻璃绝非最佳选择，因为前挡是中间夹胶的双层玻璃，击碎难度非常大。司机头枕的正确操作是撬而不是砸：将头枕钢管插入车窗缝隙用力撬动，车窗就会应声而裂。

◉ 山洪逃生

平时应尽可能多地了解一些山洪灾害防护知识,掌握自救逃生的本领。乡村做好宣传训练,使群众了解、熟悉报警信号,例如急骤鸣锣、放铳、拉报警器等方法。

注意:洪流奔腾骤至,靠乡镇及村组指挥人员逐户催促才转移,往往就来不及了。

◎ 山洪逃生

　　山区居民在建房、修路、架桥时必须遵守自然规律,注意防灾避灾。最易受到山洪威胁且不易建房的地方包括:①易崩易滑、不加防护的山坡、陡坎下;②溪河两边的低洼地;③两条河水的交汇处;④河道拐弯凸岸处;⑤溪河桥梁两头的空地。

◉ 山洪逃生

在山区,突遭暴雨侵袭,河流水量会迅速增大,很容易引发山洪。
山洪具有突然性和暴发性的特点。

需要强调的是,山区暴雨少则几分钟、多则半小时,就有暴发山洪的可能,不可掉以轻心。

◎ 山洪逃生

对于旅游者，天气突变时一定要服从景区管理，听从工作人员和当地居民建议，停止游玩，尽快下山，及时采取避灾措施。

教训：2009年7月11日，重庆34名旅行者前往万州潭獐峡探险，领队不听当地居民劝阻，一意孤行率队进峡，山洪暴发，酿成20人死亡的惨剧。

◉ **山洪逃生**

　　在山区行走和中途歇息中,应随时注意场地周围的异常变化,提醒自己和同行者可以选择的退路、自救办法。上游来水突然混浊、水位上涨较快时,须特别注意。

◎ 山洪逃生

要选择平整的高地作为营地，不要在山谷和河床扎营。

教训：2012年7月21日8名"驴友"在某山区河道边宿营，夜间突降暴雨形成山洪，将宿营帐篷冲走，8人全部落水，2人死亡，1人失踪。

◎ 山洪逃生

一些缺少经验的都市旅行者，在大雨来临后，还在危险地段行进，在山沟里游玩、扎营，甚至在河水中游泳，以致遭遇灾难。因此，山区旅行者一旦遇雨，一定要意识到潜在危害，马上寻找高处避灾。

◉ 山洪逃生

当突然遭遇山洪袭击时，要沉着冷静，千万不要慌张，并以最快的速度撤离。逃离现场时，应该选择就近、安全的路线沿山坡横向跑开。

错误：顺山坡往下或沿山谷出口往下游跑。

◉ **山洪逃生**

　　突遭洪水被围困于基础较牢固的高岗、台地或坚固的住宅楼房时，无论是孤身一人还是多人，应有序固守、等待救援或等待陡涨陡落的山洪消退后撤离。

⊙ 山洪逃生

当被洪水围困于低洼处的溪岸、土坎或木结构的住房里，情况危急时，有通讯条件的，可利用通讯工具寻求救援；无通讯条件的，可制造烟火或来回挥动颜色鲜艳的衣物并集体齐声呼救。同时，要尽可能利用船只、木排、门板及木床等漂流物，做水上转移。

⊙ 山洪逃生

　　一旦山洪暴发被困在山中，要选一高处平地或山洞等离行洪道远的地方休息，等待救援，要设法尽快与当地救援部门取得联系，报告自己所处的方位和险情。无通讯工具的，可寻找一些树枝和其他可燃物点燃，同时在火堆旁放一些湿树枝或青草，使火堆升起大量浓烟，以引起搜救人员的注意。

◉ 山洪逃生

凡是居住在山洪易发区或冲沟、峡谷、溪岸的居民，每遇连降大暴雨时，必须保持高度警惕，特别是晚上，如有异常，应立即组织人员迅速逃离现场，就近选择安全地方落脚，并设法与外界联系，做好下一步救援工作。

面对突发的水灾，我们也许都会不可避免地出现慌乱……逃生是每一个人的重要选择，但关键的时刻，如果犯了不该犯的错误，哪怕是一个小细节，都会带来我们不愿看到的结果。只有通过不断学习，掌握科学的逃生、自救与互救知识，才能让我们能够处变不惊、安全脱身。

洪灾时,粪池、垃圾、化工原料等易进入洪水,污染水源,因此洪水过后一定要注意卫生安全。水灾的卫生防疫包括个人和社区,即个人防护和环境卫生,只有两方面同时做到位,才能最大程度地减小疾病危害,保障灾区人民的健康。

卫生防疫

　　水灾发生时，很可能发生淋雨、被洪水浸泡或饥寒交迫，机体抵抗力急剧下降，容易生病。因此，保存体力，争取救援是最佳的选择。有条件时，一个野营炉很有帮助，可以用来加热食物、烧开水和取暖。

　　确保饮用干净的水：瓶装饮用水、煮沸的自来水是可靠的；河水、水池水、地面积水、井水都不可靠，不能直接饮用。如无水源，可收集雨水煮沸后饮用。切记不要直接饮用洪水。

　　所有饮用水烧开煮沸1～3分钟。如果没有烧水条件，可将水放至容器中，每100千克水加1克漂白粉消毒，充分搅拌，静置30分钟后取上部清亮部分饮用。注意：漂白液不能杀灭寄生虫。

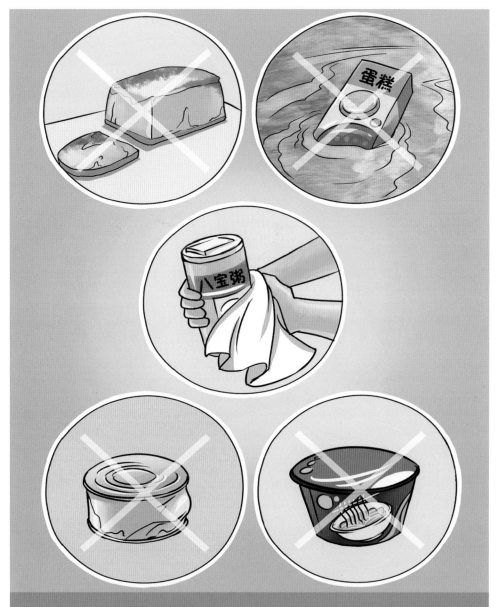

不要食用任何腐败变质或被洪水浸泡过的食物。

丢弃任何没有防水包装并接触过洪水的食物。

包装完整的罐装食品如果接触到洪水，彻底清洗表面后，才能食用。

罐头食品出现肿胀、渗漏、破孔、严重生锈等不可食用。

食物生、熟要分开。

接触洪水后清洁双手。

不要让小孩在洪水区域玩耍。不要让小孩玩被洪水污染且没有经过消毒的玩具。饭前清洗小孩的双手。

开放性伤口，尽量不要接触洪水。如果伤口发红、肿胀或化脓，应立即就医。

不要在洪水河沟或池塘中洗澡,避免感染钩端螺旋体病。

钩端螺旋体病的致病菌是钩端螺旋体,由受感染的鼠和猪的尿液污染水源,人类皮肤接触疫水而感染。主要症状是发热、全身酸痛、红眼、腓肠肌疼痛、淋巴结肿大和咯血等,严重者可导致死亡。疑诊者要及早就医治疗。

　　未经培训的志愿者，不要去灾区救援，以免妨碍救援活动，增加专业人员的负担。

　　工作人员在参与洪水清理时要意识到潜在的危险，做好安全预防措施。水灾清理工作可能会遇到的危险有触电、一氧化碳中毒、骨骼肌肉伤害、中暑、接触有害物质以及摔伤等。

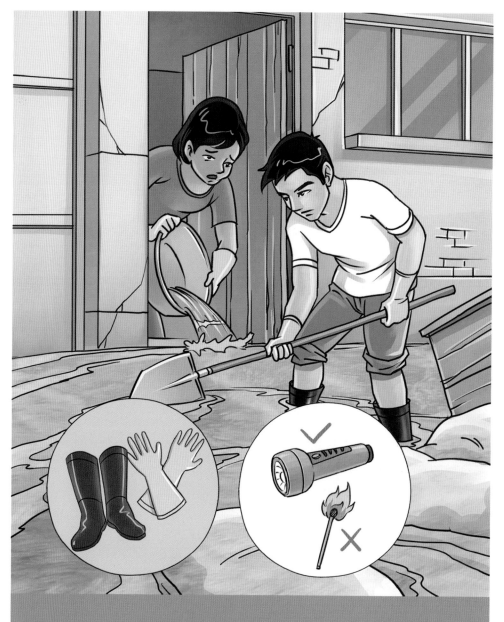

灾后清理要注意穿防水鞋，戴防水手套，避免洪水接触皮肤。

在检查房屋时，要使用手电筒，千万别划火柴，以防因煤气泄漏而引发火灾。

被洪水淹没的房屋要彻底消毒，包括空调、供暖管道和过滤器。
返家后一定要消毒餐具，至少在沸水中煮 15 分钟或用化学药片消毒。
不要食用被洪水淹死的家畜、禽类的肉。

勿触摸路边倒下的电线。
返家后注意电线是否潮湿，不要把潮湿带水的插头直接按进插座里。
电子产品在使用前要晾干。

　　发生触电时，首要的抢救措施是迅速切断电源，然后再抢救伤者。切忌直接接触伤者。施救者应先做好自身的绝缘保护，用干的木棍、塑料棒等不导电的物体挑开电线，最好能够穿上胶鞋或站在干的木板凳上，戴上塑胶手套。

不能随意丢弃垃圾，不可随地大小便。必须修建临时厕所和垃圾场。
配合社区搞好居家和公共场所卫生，预防传染病，防止蚊蝇滋生。

人，最宝贵的是生命，灾难面前，一定要记住首要原则是逃生。
科学地掌握水灾逃生知识，灾后才能重建家园，营造美好生活。